小牛顿 科学与人文

将科学的触角伸入更多领域，让科学更生动更有趣

快乐王子为什么让燕子飞回南方？
故事中的动物世界

小牛顿科学教育有限公司 / 编著

内附科学视频

中国出版集团　现代出版社

小牛顿科学与人文

来自海峡两岸极具影响力的原创科普读物"小牛顿"系列曾荣获台湾地区26个出版奖项，三度荣获金鼎奖。"科学与人文"系列将"科学"与"人文"相结合，将科学的触角伸入更多领域，使科学更生动、多元、发散。全系列共12册，涉及植物、动物、宇宙、物理、化学、地理、人体等七大领域。用180个主题、360个科学知识点来讲解，并配以47个有趣的科学视频进行拓展，扫描二维码即可快捷观看，利用多媒体延伸阅读。本系列经由植物学、动物学、天文学、地质学、物理学、医学等领域的科学家和科普作家审读，并由多位教育专家、阅读推广人推荐，具有权威性。

科学专家顾问团队（按姓氏音序排列）

崔克西 新世纪医疗、嫣然天使儿童医院儿科主诊医师

舒庆艳 中国科学院植物研究所副研究员、硕士生导师

王俊杰 中国科学院国家天文台项目首席科学家、研究员、博士生导师

吴宝俊 中国科学院大学工程师、科普作家

杨 蔚 中国科学院地质与地球物理研究所研究员、中国科学院青年创新促进会副理事长

张小蜂 中国科学院动物研究所研究助理、科普作家、"蜂言蜂语"科普公众号创始人

教育专家顾问团队（按姓氏音序排列）

胡继军 沈阳市第二十中学校长

刘更臣 北京市第六十五中学数学特级教师

闫佳伟 东北师大附中明珠校区德育副校长

杨 珍 北京市何易思学堂园长、阅读推广人

编者的话

童话故事除了有无限丰富的想象力，还可以带给孩子什么启发呢？如果看故事的同时，还能带领孩子探索科学奥秘，充实生活的知识与智慧，该有多好。

有没有想过《快乐王子》里的燕子，为什么一定要飞往南方过冬？为什么《蚂蚁和蟋蟀》中，蟋蟀会在整个夏天不断鸣叫歌唱？《被驱逐的蝙蝠》里的蝙蝠，到底是属于鸟类还是哺乳类？其实，在小朋友耳熟能详的童话故事里，蕴藏着许多有趣的科学现象。

本系列借由生动的童话故事，引发儿童的学习动机，将科学原理活泼生动地带到孩子生活的世界，拉近幻想与现实的距离，让枯燥生涩的科学知识染上缤纷色彩。本系列分成动物、植物、物理、化学和地球宇宙等领域，让孩子在阅读过程中，对科学知识有更系统性的认识。透过本书一张张充满童趣的插图、幽默诙谐的人物对话、深入浅出的文字说明，带领孩子从想象世界走进科学天地。

通往知识城堡的旅程充满惊喜，还有小视频可以看哦！

人猿泰山 4

狐狸请客 8

小红帽 12

熊和旅人 16

老虎与驴 20

放羊的孩子 24

龟兔赛跑 28

普罗米修斯 3

故事时间

人猿泰山

100多年前,有艘船在非洲海岸附近翻覆,一对夫妻和他们几个月大的儿子躲过一劫,他们奋力地游到一个无人岛上,岛上有着茂密的热带雨林,夫妻俩带着男婴试图在岛上生活。然而,很不幸的是,这对夫妻得了水土不服的病症,相继过世了,还好有一只母猩猩经过,把男婴救了出来,并带回猩猩家族中自己抚养。

母猩猩帮男婴取名为"泰山",小泰山在森林中与一群猩猩一起长大,学习猩猩的一举一动——行走、爬树、进食、沟通等。虽然因为外形和猩猩不同,时常受到欺负,但小泰山不气馁,练就了一身强壮又灵活的身手,全心全意地想要融入大猩猩的族群中。

若干年后,小泰山已经成年。有一天,一个英国探险队踏上了泰山所在的这个无人岛。探险家布教授的女儿珍妮,也跟着探险队踏入森林。"啊!救命啊!"泰山听到了一阵尖声叫喊(当然,他是听不懂的),连忙和几只猩猩伙伴前去查看,看到了落单的珍妮被一群狒狒追着逃命呢!泰山冲上前去,一把抱起了

珍妮，迅速逃离狒狒的攻击范围。到了安全的地方，泰山才把珍妮放下来，好好地打量她："她的身上没有毛，她的身体站得直直的，她没有尾巴……"泰山这才明白，原来自己根本就不是猩猩，眼前的这位姑娘才是自己的同类。

在珍妮和布教授的帮助下，泰山慢慢学习人类的语言，学会用双手使用工具，泰山和珍妮彼此之间也产生了爱慕的情愫。只是，分离的时刻来临了，探险队必须要离开了。珍妮想要带泰山一起回英国，但泰山对养育自己长大的猩猩母亲仍然依依不舍。最后，猩猩母亲深深地拥抱着泰山，提醒他："小猩猩终究要长大独立的。"泰山这才愿意与珍妮一起，踏上返回文明世界的旅程。

猴子、猩猩和人类都是灵长类

你见过猩猩妈妈抱着小猩猩的模样吗？和人类的母亲抱着婴孩的样貌非常相像呢！那是因为猩猩（猿类）、猴类和人类，同属于哺乳纲的灵长目，在演化上一直到1000万年前才分家。

灵长目的特征是四肢长、善于攀爬，手指和脚趾可以弯曲，眼睛宽大、朝前方，而且脑容量较其他哺乳类要大。我们很容易就能将自己从猿猴中区分出来，可是那要怎么分辨猿和猴呢？教你一个最简单的分辨法——猴类有尾巴，猿类则没有。是不是很容易呢？

猴类

特征：指和趾均能握物，因分布的地区不同，分为新世界猴和旧世界猴两种。

新世界猴：主要分布在中、南美洲，有蜘蛛猴、僧帽猴等。左右鼻孔分离较远，鼻宽而塌，鼻孔朝天，故亦称阔鼻猴。长尾发达，具卷物或攀缘功能，类似第五肢，故又称卷尾猴。

旧世界猴：主要分布在非洲及亚洲，有猕猴、狒狒等。左右鼻孔分隔较近，鼻孔朝下，亦称狭鼻猴。尾粗短不能卷物，仅用以平衡身体。能直坐、具有坚硬裸出的"坐垫"，称为坐胼体，呈鲜红色或蓝色。

松鼠猴

金丝猴

属于猿类的黑猩猩，和人类的基因相似度高达 98.8%，是和人类最相似的灵长目动物。黑猩猩过着社会性的群体生活，对于母猩猩和小猩猩都非常照顾，故事里的小泰山就是由黑猩猩抚养长大的。

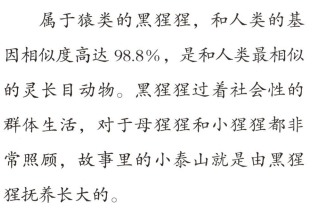

长臂猿

猿类（猩猩）

特征：无尾，臂较腿长，呈半直立的姿态，胸部宽阔，脑容量比人类小，但较其他灵长类大。手、足的第一指(趾)可与其他四指(趾)对合。如长臂猿、猩猩、黑猩猩及大猩猩。猿类的进化程度比较高，和人的关系也比较亲近。

扫一扫，看视频

红毛猩猩

呜呜……啊啊……吱吱吱……（我也会说话，只是你们听不懂而已。）

狐狸请客

狐狸和鹤是一对好朋友，顽皮的狐狸很爱捉弄鹤。有一天，狐狸又想到了一个坏主意，它准备宴请鹤来家里用餐。实际上，它根本不打算做什么菜，只不过简单用青豆熬一锅自己非常喜欢喝的浓汤，并且打算把汤盛在浅浅的碟子里，完全不管鹤要怎么吃到。

"没什么好菜请你，简单用点儿餐！"狐狸客套了一番。

"的确是没什么东西可吃，你还好意思说呢！"鹤的心里很不是滋味，一直嘀咕个不停，它终于知道狐狸是故意的了。

餐桌上，狐狸用舌头轻松舔食、享受着浓汤的鲜美，吃得十分尽兴，鹤却恰好相反，每当它低头喝青豆浓汤时，汤汁就会从那长长的嘴里流出来，狼狈不堪。

狐狸瞅着鹤吃不到一丁点儿食物，一副愁眉苦脸的模样，觉得十分有趣，开心地笑了出来，这态度让鹤感到受了莫大的屈辱。

鹤心里盘算着："此仇不报非君子，总会轮到我讨公道的时候，到时候可别怪我无情！"

这回，终于轮到鹤请客吃饭了，它把所有的美食都装在一个大肚细脖的壶里，不偏不倚地摆在狐狸面前，然后开始用长嘴享用美食，它很轻易地把嘴伸进壶里享用，一阵饱餐过后，还开心地说："实

在是美味可口极了!"

狐狸在一旁可馋坏了,它真想知道壶里煮了什么好滋味的美食,因为鹤看起来真是满足又开心,而它自己,从头到尾却连一口美食也没尝到,是多么遗憾啊!

科学教室

动物怎么喝东西？

因为鹤有着长长的喙，无法从浅盘里吃到或喝到东西，但狐狸吃东西很方便，那是因为狐狸运用了舌头来帮忙进食。狐狸和大多数的犬科动物一样，在浅盘里喝水时，会将舌头向后卷起呈勺子状，就可以将水"舀"起来喝下肚啦！而常被当作宠物的猫及猫科家族成员们，则是用舌头轻轻划过水面"舔"水来喝，因为它们的舌头上面长有许多肉刺，可以利用水的张力将水带入口中，这些呈倒钩状的肉刺还可以梳理全身的毛发呢！

吃不到瓶子里的东西，只好吃苹果了。

舌头的特殊功用

动物世界中形形色色的动物千姿百态,它们的舌头是不是也起了什么特殊的作用、各有不同啊?我们快来看看!

动物界的长舌公

长颈鹿是动物里的"长舌公",舌头长达45~60厘米,能轻易把树上的嫩枝、嫩叶卷来吃。

快如喷气式飞机的舌头

变色龙的舌头和身体一样长,舌尖是圆的,速度有如弹簧反弹,会先伸出去把虫撞晕,再靠舌头上的黏液把虫子粘住。

带短钩的舌头

啄木鸟可以迅速伸出带有短钩的舌头,钻进刚打出的木头通道中,长长的舌头会在木头里绕上一圈捕捉各种小虫。当啄木鸟快速打洞时,就像戴了一个减震的头盔一样。

勘测环境的工具

蛇伸出舌头时,舌头会沾满空气中的气味,再缩回来插入口中的味觉器中,然后传到脑部,蛇就是这样来判断四周环境的动静的。

小红帽

很久以前,有个小女孩儿,她成天带着一顶红色的帽子,人们都叫她"小红帽"。

一天,妈妈要小红帽去探望生病的外婆。小红帽出门后,在路上却遇到了大野狼。小红帽忘了妈妈的提醒——不要在路上耽搁。她跟大野狼聊了起来。

大野狼听说了外婆生病的消息,马上起了坏心眼。它故意提起森林某处开了好美的花朵,要是摘一些带去探病,外婆的病一定很快就康复了。小红帽一下子就上钩了,但采花的地方需要绕一段远路,在这期间,大野狼早一步赶到外婆家,将外婆一口就吞到肚子里。大野狼还穿着外婆的睡衣假扮成外婆,躺在床上,等着小红帽到来。

不久,小红帽来到了外婆家,却不见外婆出来开门。她喊着:"外婆、外婆,你在吗?我带了好吃的东西来看您!"

大野狼用沙哑的声音说着:"我在床上休息呢!"

小红帽循着声音,发现外婆还躺在床上呢!"外婆的声音好沙哑,可能感冒真的很严重!"她这么想着。她从房门口看外婆,被子盖得严严实实的,看不太清楚,只见一双大眼睛。她走近床铺一些,问道:"外婆、外婆,你的眼睛怎么这么大呀?"

大野狼回答:"为了把你看清楚啊!"

小红帽再靠近床铺一些,她问:"外婆、外婆,你的手怎么这么粗啊?"

大野狼回答:"为了好好抱着你啊!"

小红帽终于走到了床边,她说:"外婆、外婆,你的嘴巴怎么这么大呀?"

大野狼"呼"的一下从床上跳起来,说:"为了一口把你吃掉啊!"然后就张嘴把小红帽吞进肚子里了。

吞下了外婆与小红帽的大野狼,满足地躺在床上呼呼大睡。异常响的鼾声却让经过外婆家的猎人起了疑心,猎人进屋一看,这不是大野狼吗?再仔细一看,大野狼的肚皮还在动呢!猎人小心翼翼地将大野狼肚皮剪破,小红帽与外婆便跳了出来,顺利得救了!

童话故事里的大坏蛋——大野狼

尖而竖直的耳朵,长长的吻部加上大大的嘴巴……你一定听过有关它的故事,它就是许多童话故事里的大反派——狼。

狼在生物学上与狗为同一物种,是犬科动物中体型最大的。狼的嘴尖而口宽,两耳竖立,尾下垂不上卷,尾毛蓬松,毛色因不同栖息环境及季节变化而有所差异。狼善于攻击,属于食物链上层的狩猎者,它在狩猎时发挥出

狼身上的毛分两层,十分厚重,外层又长又硬,足以抵挡灰尘,内层毛较为细软,可防水。狼毛足以御寒,它们连-40℃的寒冷气候也不怕,通常狼都将头放在后腿之间,并用尾部盖住脸取暖。

狼的背部略倾斜,腹部内缩,颈部肌肉有力,四肢长而强健。

狼的嘴又窄又长,里面长了约有42颗牙,包括门牙、犬齿、前臼齿、裂齿和臼齿五种,能刺破猎物的皮,咬碎骨头,造成巨大的伤害。

脚掌虽小,却可以轻易适应各类地面,特别是雪地。前掌比后掌略大,有五趾,后掌少了上趾,只有四趾。狼属于趾行性动物,足趾之间有蹼。

惊人的智慧与习性，在农业社会时期，造成人们许多困扰，所以才会留下许多不好的印象。

抗议！每次都找我当坏人！

罢工

狼的头大又重，前额很宽，嘴形长呈钝状，下颚强而有力，耳朵呈三角形。

体型瘦长，随着分布区域的纬度越高，狼的体型也越大，一般体长105~160厘米，肩高80~85厘米，尾的长度约为头与身体的2/3。

狼的亲戚——狼犬

狼犬是狼和狗杂交后所生出来的犬，比较常见的狼犬品种有德国牧羊犬、昆明犬、狼青犬、苏联红犬、中国长毛狼犬等。

德国牧羊犬是我们常见的狼犬，你一定不陌生，它们是早在100年前，由德国在军队中繁育出来的混种犬，当时用来帮助承担军中部分工作。

狼犬年幼时眼睛是蓝黑色的，随着年龄增长，逐渐从蓝黑色过渡到深棕色，一般在3个月大的时候变成浅红色，接近橙色，成犬的双眼是红色的。狼犬的体型适中，外形矫健结实，耳朵也是竖立的。狼犬也善于奔跑且动作迅速敏捷，是人类忠诚的好朋友，现在除了军用，也在警用、牧羊及导盲等领域发挥很大作用，和野生狼已经有很大的差距了。

故事时间

熊和旅人

　　静谧的森林里，阳光从层层叠叠的树叶间投射出点点金光，空气中传来一阵阵属于树木特有的清香，沁人心脾；两个旅人并肩而行，一路上谈笑风生，他们正享受着原始森林的心旷神怡。

　　不知什么时候，远方却有一只大棕熊，笔直地朝着他们的方向走过来，其中一个旅人迅速发现了，不管三七二十一，赶紧爬到身旁的树上，他拼命地向上爬，很快将自己隐蔽起来，而另外一人因为还没搞清楚状况，一时躲避不及，只能灵机一动，躺在地上，屏住呼吸装死。

　　这只大棕熊走了过来，它用鼻子嗅遍了那位倒在地上的旅人全身，当熊

　　的鼻子靠近他的脸时,这个人几乎吓得快要全身麻痹了,只能一直暂停呼吸,还要尽量不让自己的睫毛颤抖。当然,他是控制不了心脏的,他的心剧烈地怦怦直跳,就差没从胸口跳出来了。他真怕棕熊发现自己并没有死,他简直无法想象,如果棕熊发现他是活的,情况会变得多么糟。

　　不过这个问题棕熊并没有思考太久,最后它还是走了,旅人装死似乎是瞒骗成功了。

　　当棕熊离开之后,逃上树的人缓缓爬了下来,问躺在地上的人说:"棕熊是不是在你的耳边说了什么?"

　　那人毫不客气地回答他:"对!它给了我一个忠告——绝对不要和大难临头时先逃跑的人做朋友。"

遇到熊时，装死有用吗？

大餐准备好了！

棕熊是生活在寒温带针叶林中的大型哺乳动物，是当地食物链顶端的动物。棕熊是杂食性动物，荤素不忌，会随着季节改变它的主食。当冬天过去，棕熊从温暖的洞穴里醒来，饥肠辘辘的它们，会吃草和冻死的动物尸体（所以装死的旅人对棕熊来说，应该是摆在面前的大餐吧）；到了夏天，棕熊会捕食正值交配季节的白尾鹿；夏秋之际，则是肥美的鲑鱼上桌啦！棕熊们纷纷赶往河流的上游，捕捉一群群从大海返回出生地产卵的鲑鱼，这是棕熊一年中最丰盛的大餐；到了秋末，棕熊会吃大量的浆果准备过冬。

棕熊可以吃腐食，所以装死并没有用。那遇到棕熊时，可以躲到树上去吗？其实这也很不安全，因为棕熊也会爬树呢！虽然棕熊很少主动攻击人类，但要是不小心惊吓到它，或是离小熊太近，还是可能会被母熊攻击。这时该怎么办呢？遇到棕熊先别跑，保持镇静，面向它慢慢往后退，等到把和熊的距离拉开，再快速逃离。棕熊如果真的追来，尽量跑"S"形的线路，而且最好选下坡路，逃生概率会更大，原因是棕熊的前肢比后肢短，不适合走下坡路。

食腐动物帮大忙

大部分的肉食性动物,在缺少食物的状况下,不会介意吃腐食,如棕熊、狮子等,但是有一些动物,却是以腐食作为主食的,我们称它们为"食腐动物"。

兀鹫,又称为秃鹰,就是一种专吃腐肉的大型猛禽。它们的视力很好,一看到地面上将要死亡或已经死亡的动物,便会一大群迅速涌上,在很短的时间内把动物尸体吃个精光(它们是不吃骨头的)。兀鹫的消化系统能杀死细菌,就算吃到被细菌感染的尸体也不怕生病。因为有它们快速清理掉动物的尸体,就减少了细菌滋生及传染病散播开来的机会,兀鹫可以说是大自然的清道夫呢!

很多人都以为斑点鬣狗是食腐动物,但其实它们的狩猎技巧很好,大部分的食物都是靠捕猎来的。

高山兀鹫

故事时间

老虎与驴

从前,在一个山区,住着一只虎大爷,虎大爷掌管着整座山区,好不威风。有一天,一个商人从别处运来了一只驴,他发现这只驴在这里没什么作用,就把驴放生在山下了。

虎大爷看到山脚下站着一只从没看过的四脚兽,它心想:"哇!这是何方神圣,长得这么大?"虎大爷心有畏惧,不敢靠近,只敢躲在林子里先偷偷地观察。它小心谨慎地一点一点接近驴,不知道驴"神"会有什么样的反应呢?

突然，驴"咿——嗬——"地大叫了一声，吓得虎大爷拔腿狂奔，以为那巨兽就要来吃掉自己了。远远跑开的虎大爷回头一看，驴怎么还留在原地呢？这可有点儿奇怪，所以等情绪平静后，虎大爷又开始慢慢靠近驴，就这样一叫一逃地试了几次，也不见驴追来，虎大爷这时有点儿明白了："这家伙好像没有什么特别厉害的本领。"

虎大爷放开了胆子，走到驴身边，挨着驴磨磨蹭蹭的，还不时用身体撞一撞驴，只差不敢直接攻击驴了，怕它使出什么撒手锏来。这只驴也是没见过世面的土包子，压根不知道老虎就是山大王，它被虎大爷惹得烦了，抬起后腿朝虎大爷踢去。一踢不中，虎大爷可开心了："原来你就这么点儿本事啊！"于是跳了起来，扑到驴身上，一口就咬断了它的喉咙，好好地享受了一顿驴肉大餐呢！

动物的语言

不管懂不懂我说的"话",都得听我的!

动物彼此之间能够交谈吗?驴子"咿——嗬——"叫,老虎放声"啊呜——";狗说"汪汪",猫说"喵喵",它们真的能够理解对方在说什么吗?其实动物的沟通方式比人类丰富多了,它们不只用声音来沟通,有的还用气味、色彩等。下面一起来看看动物有哪些沟通行为吧!

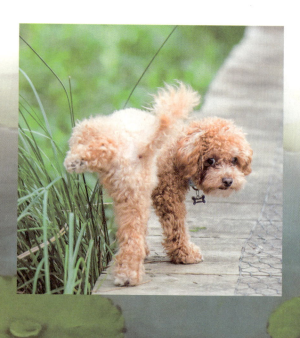

用气味来沟通

犬科动物利用尿液来代表自己,其他同伴一嗅就知道它的性别、年龄、体形等。除了排泄物,有的动物以腺体分泌物来传递信息,如大熊猫、羚羊都会运用这种化学信号来吸引异性或标注领地范围。

用语言来沟通

黑斑侧褶蛙在夏夜此起彼伏的鸣叫声,在警告侵犯者:"你再不走,别怪我不客气!"鸟类在与不同对象交流时,发出的声音也有区别,有些生活在不同地区的同一种鸟类,反而会因为"方言"差异而无法沟通,有趣吧!

用光和色彩来沟通

　　林荫小道间，那些星星点点飞舞的小亮光就是萤火虫在和同伴沟通，当雄虫在低空飞舞，每隔5.8秒会发一次光，2秒后，雌虫便与之呼应。非洲草原的瞪羚臀部有一块大白斑，当它们发现捕食者时，就会竖起尾部展示这块白斑，告诫同伴敌人临近了。

以身体触碰来交流

　　猴子替彼此梳理毛发的主要目的，是一种传达彼此互相接纳、友好的信息，互相拥抱、抚摸或拍打也具有沟通的意义。

以电流为沟通语言

　　这种沟通方式只有电鳗才有，它们在身体周围制造电场，感知附近的事物，与同类交流，并随着放电频率、时间、间隔、强弱的不同，说着不同的"话"。

放羊的孩子

从前有个小牧童，每天都要将羊群赶到村外的原野上吃草。贪玩的小牧童觉得这个活儿实在太枯燥乏味了，只要把羊群赶到了地点，就只能看着它们低头吃草了，自己在青草地上闲晃，实在不知道如何打发时间。于是小牧童在穷极无聊之时，想了一个恶作剧，来戏弄村民。

他兴奋地把恶作剧当成娱乐来玩，却不知道这把自己推向了道德沦丧的深渊。他开始从原野上冲向村庄，使劲地跑，用尽吃奶的力气大叫："狼来了！

狼来了！救命啊！狼要吃掉我的小羊了。"

好心的村民丢下手上的工作，随手拿一些斧头或镰刀，争相跑向原野，准备去帮小牧童驱赶恶狼。但是当他们到达时，小牧童却抱着肚子笑翻了天，因为根本没有狼。

又一天，小男孩儿再次耍了相同的把戏，村民们还是急急忙忙地赶过来帮忙，当然又被小男孩儿嘲笑了一番，村民们生气地离开原野。

没想到，这一次狼真的来了。狼一来，便开始扑上羊群撕咬，小羊吓得到处乱窜，小牧童惊慌失措，这回跑得更快了，他回到村里求助，声嘶力竭地说："狼来了！狼真的来了！"他歇斯底里地吼着说："救命啊！有一只狼跑到我的羊群里去了！"

这回，村民们虽然又听到他的呼救声，但是由于已经上过两次当，大家认为小牧童又在恶整他们了，所以根本无人理睬，也不相信这是真话。于是，小牧童损失了所有的羊，后悔也来不及了。

羊群的行为

你去农场或是动物园里看过羊吗？羊是个性温驯的动物，它们有非常强的群居性，野生的羊也都会一群一群地聚集在一起。它们会追随一只在羊群前面领路的羊，然后一只接着一只往前走，所以第一只羊也称为"领头羊"。

然而像这样听话的行为，在危急状况发生时，可能救不了自己。如羊群被猎捕时，它们也只是跟着前面的羊奔逃，没有办法各自逃生。所以后来有人用羊群的行为来比喻有些人做事没有主见，需要等待别人的举动而后附和。

大家跟着我走吧！

好！

动物群聚也有困扰

虽然说团结力量大，但万事都是有利有弊的，动物群聚也有很多麻烦事。例如动物之间会打斗，抢夺食物或伴侣，也可能互相传染和扩散疾病，而且就算群体对个体有保护的功能，能降低被天敌袭击的概率，但是树大招风啊，群体被天敌发现的概率相对也大大增加了！

动物成群的原因

根据研究，动物的群聚有规律、有组织，所以动物成群是很有优势的。从民以食为天的角度看，集群能形成一个信息交流中心，找到食物者告知没找到食物者，帮助群体成员缩短发现食物的时间；集群捕食还可惊扰猎物，提高捕食成功率，集体捕猎的收获比较丰富；群聚时防御性提高，能增加觅食时间；抢夺食物时，也能借由群体力量保护食物不被抢走。

更重要的是，群体的眼睛多了，天敌来临时，个体能互相警报，一起集体防御，能增加安全性。其他方面如易找配偶、易于更好地适应生活环境等。

冰天雪地中，企鹅聚在一起可以取暖。

麝牛在防御时会围成一个圆阵，把幼牛围在中间进行保护。

龟兔赛跑

"喂,小乌龟,你快一点儿啊!跑得真是够慢的,你就好好跟我学学嘛!我可是大家称赞的飞毛腿呢!"乌龟和兔子一起练习跑步,已经不知道第几次了,兔子又在取笑乌龟跑得慢。

乌龟一步步地往前迈进,喘着气说:"你别笑我,我总有一天会跑赢你!"

"哈!哈哈哈……"兔子觉得好气又好笑,"你怎么可能跑得赢我?"

"不然,我们明天来比赛,谁先跑到山脚下的大树那儿,谁就赢了。"乌龟和兔子决定来一场赛跑,还邀请了小动物们做见证。

第二天,兔子和乌龟同在起点,兔子兴奋得蹦蹦跳跳,乌龟则慢吞吞地暖身做准备。

"预备!三、二、一,跑!"兔子拔腿就跑,跑得可真快,一会儿就跑了大老远,回头看看,乌龟才爬了没几步呢。兔子心想:"乌龟敢跟我赛跑,太不自量力啰!我先在这儿睡个觉,不管到时候乌龟在我前

面还是后面,我必能三步就超越它,哈哈哈!"兔子合上了眼皮,就这样安心地睡着了。

乌龟爬得真是慢,爬呀!爬呀!爬!终于爬到兔子身边,已经累得气喘吁吁了。兔子睡得正香呢,乌龟决定坚持爬下去,才有机会赢兔子。

于是,乌龟继续往前爬,终于看到大树了,这时,骄傲的兔子还在呼呼大睡呢!不久,兔子突然惊醒,往后一看,乌龟怎么不见啦?再往前看看,不得了,乌龟竟然已经爬到大树底下了,尽管它急得三蹦两蹦赶过去,乌龟也早已获胜了。

动物速度比一比

在正常的情况下,乌龟和兔子赛跑是根本不可能会赢的,那是因为大自然神奇又多变,不同物种间都有各自特殊的技能,乌龟拖着它足以保护自己的坚固外壳,当然跑不快啰!那么兔子为什么会跑这么快呢?"手无寸铁"的兔子,是中、大型肉食性动物的美食,不跑快一点,马上就会丧命的。

其实在自然界中,不管是捕食者或是被捕食者,它们之间的速度竞争,往往是生死攸关的重大考验,所以动物们一直在追求更快的速度。下面,就一起来看看各种动物的速度吧!

速度(千米/小时)

- 人 28千米/小时
- 猫 45千米/小时
- 狗 52千米/小时
- 马 62千米/小时
- 灰狼 64千米/小时
- 长颈鹿 72千米/小时
- 跳羚 95千米/小时
- 猎豹 120千米/小时
- 旗鱼 130千米/小时
- 游隼 360千米/小时

陆海空里的急速小子

空 游隼

游隼几乎遍布于世界各地，俯冲时速高达 360 千米，是速度最快的中型猛禽。游隼在发现目标后，会迅速上升到猎物之上，然后将翅膀收到身体后方，快速、几近垂直地俯冲而下，直接抓住猎物。

陆 猎豹

原野上跑得最快的动物是猎豹，居住在非洲撒哈拉沙漠南部。猎豹的体形纤细，成年猎豹身长约 2 米，肩部到地面则有 1 米高，体重约 50 公斤，腿长、头小，奔跑阻力小，时速达 120 千米，几乎比一辆车的速度还快，不过体力只能支持最快速度 8～10 分钟。

海 旗鱼

世界上游得最快的鱼是旗鱼（或称马林鱼），最高时速可达 130 千米，它以针状的长吻与帆状的背鳍著名。大型旗鱼长约数米，重达上百公斤。

还好不是跟它们赛跑！

故事时间

普罗米修斯

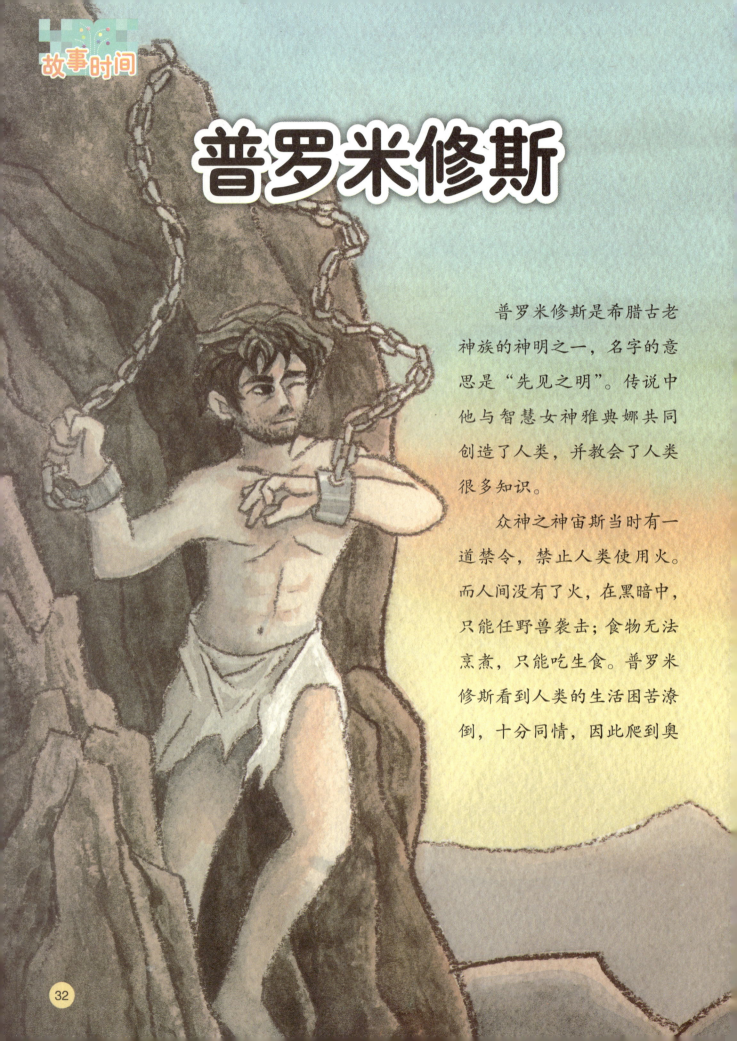

　　普罗米修斯是希腊古老神族的神明之一，名字的意思是"先见之明"。传说中他与智慧女神雅典娜共同创造了人类，并教会了人类很多知识。

　　众神之神宙斯当时有一道禁令，禁止人类使用火。而人间没有了火，在黑暗中，只能任野兽袭击；食物无法烹煮，只能吃生食。普罗米修斯看到人类的生活困苦潦倒，十分同情，因此爬到奥

林匹斯山上偷了天火给人类。

宙斯本来就忌惮着有智慧又有先知能力的普罗米修斯，这下正好有了惩罚他的机会。宙斯派人将普罗米修斯锁在高加索山的悬崖上，峭壁上的海鸥每天在他身边飞来飞去，悲怨地鸣叫着。愤怒的宙斯，每天派一只恶鹰去吃普罗米修斯的肝脏，又让他的肝脏每天能重新长回来，所以普罗米修斯必须日日承受着被鹰啄食的痛苦。

然而普罗米修斯始终保持着坚毅不屈的精神。几千年之后，大力神赫拉克勒斯为了寻找金苹果而来到悬崖边，用箭把恶鹰射死，并让半人半马的肯陶洛斯族人喀戎作为替代，因此普罗米修斯终于获得解救。但是他必须在身上永远戴着一个铁环，环上还要镶一块高加索山上的石子，这样，宙斯就能感应到仇敌普罗米修斯在他的奴役下，被锁在高加索山的悬崖上承受着了无绝日的苦刑。

科学教室

肝脏如何再生？

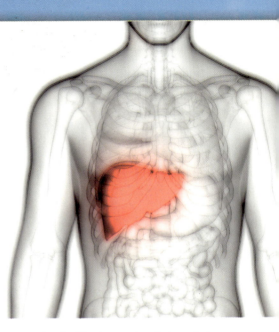

普罗米修斯的肝脏每天都可以长回来，让他日复一日地承受痛苦……这样的神话故事情节，其实是真的哦！我们的肝脏被切除部分后，也都可以像普罗米修斯的肝脏一样再生（只是无法一天就长回来）。

我们身体的细胞分为三种：一种是会不断复制，来代替衰亡或破坏的细胞，如表皮细胞；一种是一旦遭受破坏就不能再生，如神经细胞；最后一种细胞如果损伤，就会开始复制自己，肝脏就是属于这一类。

假设肝脏经历了切除手术，而后剩余的肝脏细胞会先启动，代表肝脏做好复制的准备，接下来它们需要生长因子去驱动细胞周期，来刺激复制肝脏细胞。肝脏切除手术后约12个小时，肝细胞开始进行复制DNA，再经过6~8个小时的有丝分裂，肝细胞开始一分为二，大部分的肝细胞都会复制1~2次，等肝脏恢复到差不多原来的大小后，肝细胞就不再复制了。

但是人类肝脏的再生，跟壁虎断尾或螃蟹断脚不一样，它长出来的不是同一个肝脏哦！如果左肝被切除，剩下的右肝就会复制、增生，长出更大的右肝来，而不是长出左肝。

嘘……借我躲一下。

肝脏小教室

肝脏在人体中主要负责代谢的功能，千万不要以为肝细胞的复制能力很强，就不好好照顾它，若是长期伤害肝脏，可能会造成肝硬化。肝硬化时，肝细胞会慢慢死亡，就会丧失功能了。

动物神奇的再生能力

动物有许多种求生本领，其中，再生能力一直是人们乐此不疲探寻的主题，我们快来看看有哪些动物有这种"丢车保帅"般的再生本领吧！

蝾螈

蝾螈失去了尾巴、眼睛或是四肢时，这些伤口处的细胞会退化并发育为干细胞，然后大量细胞逐渐从身体部位再生出来复原。

章鱼

交配是延续后代的使命，但是章鱼要经过"断臂之交"才能繁衍后代。原来，在交配中，雄性章鱼的触角为了传递精液给雌性，必须将自己的交接腕插入雌性章鱼体内，此时交接腕会与身体断裂，保留在雌性章鱼体内。但是交配完成后，雄性章鱼的交接腕会再重新生长出来。

兔子

兔子有弃皮的本事，当兔子的肋部被别的动物咬住时，它会丢掉被咬住的皮，自己逃脱，而且被扯掉的皮不会流血，并且很快新的毛就在伤口处长出来了。

海星

海星的任何一个部位都可以重新长成一个新的海星，不过如果切成碎末，海星就不能生成新个体了，因为它们至少要有一个完整的器官才能再生。

故事时间

农夫与蛇

乡间的农庄里，住着一位白发苍苍的老农夫。

寒冬来临了，整个村子仿佛被笼罩在冰雪的白色世界里，人人瑟缩着脖子，快步走着，担心自己被冻成冰柱。

走了不一会儿，老农夫从嘴里呼出一团热气，很快，热气在空气中凝结成一层美丽的霜花，一阵寒风吹来，霜花融化成水滴，滴在屋舍前的篱笆上。

老农夫两眼昏花,看到篱笆旁的坑里,有一条盘卷着的粗"麻绳",眼前的小雪花一会儿落在屋檐下,一会儿落在枯枝上,有时还飘在老农夫的脸上,难道这条湿漉漉的"麻绳",要露天放一整个冬季?这似乎不是个好主意,老农夫决定将它收回屋里。

才刚伸手拾起,农夫发现这并不是麻绳,而是一条正在睡觉的蛇,老农夫误以为它冻僵了,就把它拾了起来,小心翼翼地揣进怀里,还用暖和的身体温暖着它。

那蛇受了惊吓,被老农夫吵醒了,一下子还没有什么反应,等到它彻底苏醒过来,便用尖利的毒牙狠狠地咬了老农夫一口,使他遭受了致命的创伤。

老农夫临死的时候悔恨地说:"我只是要行点儿善,却因学识浅薄、愚昧无知,误以为蛇被冻僵了,其实蛇是在睡觉,救它的举动反而害了自己,而遭到致命的报应。"

科学教室

是僵冷状态还是冬眠？

故事中的蛇，到底是呈现僵冷状态还是在冬眠？

因为蛇是冷血动物，所以血液和皮肤都没有保温功能，当外界环境温度降低时，体温也随之降低，身体的生化反应速度明显变慢，对外界敏感性便降低。当温度降低到一定程度的时候，蛇会进入僵冷的麻痹状态；如果温度继续降低的话，蛇便会冻死。

所以，每当冬季气温降到7～8℃的时候，蛇就开始选择适合的洞穴作为藏身之地，进入冬眠就是蛇度过严冬的方法。蛇在冬眠期间，不吃不动，仅依靠体内储备的脂肪来维持生命活动的最低需求。一般蛇都是集体冬眠的，少则十几条，多则上百条聚集在一处。群聚冬眠可使周围温度增高1～2℃，减少水分的散失，冬眠成功概率会比较高。相对来说，散居冬眠的蛇死亡率则会高达三分之一到二分之一。

我只是想好好睡个觉而已。

变温动物调节温度的方法

变温动物也就是冷血动物，体内没有调温系统，只好以行动来调节体温：
* 蛇到石头上晒太阳。
* 鱼从水中变换水域的深度。
* 沙漠动物则常在白天埋在沙里。
* 昆虫颤动翅膀，温暖它们飞行用的肌肉。

冬眠与冬休

冬眠指的是有些种类的变温动物（如蜥蜴、蛇、龟、青蛙等），在冬天时，会让自己的体温大幅度下降，以降低新陈代谢，从而度过严寒冬天的一种生理机制。这类动物通常在秋末冬初时，就会找一个洞穴把自己安置在里面，然后会慢慢降低体温，最后一动也不动地进入冬眠状态。

虽然绝大多数冬眠生物都是变温动物，因为变温动物比恒温动物（如鸟类、哺乳类）更适应身体温度的极剧变化，不过，仍有少数恒温动物也会冬眠，如土拨鼠、刺猬和某些种类的蜂鸟等。

值得一提的是，有些动物在冬天时会找个洞避冬，因为不吃也不动，所以也会让自己的体温下降一些，不过，这种休眠状态不是冬眠，因为这类动物的生理状态并没有剧烈的改变，生物学家称这种休眠状态为冬休，如棕熊、松鼠和獾。

被驱逐的蝙蝠

我们虽然不能真正理解动物的世界，但是可以肯定的是，它们的世界一样有纷争，一样有和平。

据说有一次，飞禽与走兽之间发生了一点儿争执，因此爆发了一场战争，双方僵持不下，各不相让。终于，在鸟类打赢了一场战役后，也不知打哪儿突然出现了一只蝙蝠，它跑向鸟类营区，说："恭喜、恭喜，你们将那些粗暴的走兽打败了，真是我的英雄。看看我吧，我也有翅膀能飞翔啊，我是鸟类的伙伴！请大家多多指教！"

由于鸟类经历了战争，十分疲惫，正需要新伙伴加入以增强实力，因此展翅欢迎蝙蝠的加入。不过蝙蝠真是胆小鬼，一碰到战争

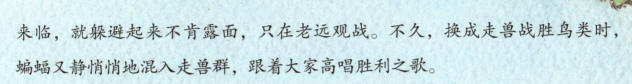

来临,就躲避起来不肯露面,只在老远观战。不久,换成走兽战胜鸟类时,蝙蝠又静悄悄地混入走兽群,跟着大家高唱胜利之歌。

"哇!你们把鸟类打败了,实在太厉害了!瞧瞧我的耳朵和牙齿,我也是老鼠的同类,属于走兽!请大家多多指教!"

蝙蝠绝对属于墙头草之类,当走兽胜利,便加入走兽,鸟类打赢,又走向鸟类,为了生存而改变立场。

直到最后战争结束了,走兽和鸟类言归于好,双方和好后,发现了蝙蝠的恶劣行径,于是鸟类纷纷鄙视蝙蝠,说:"你不是鸟类!快离开我们的团体。"

被赶走的蝙蝠又再度出现在走兽世界时,也被呵斥:"你又不是走兽,来这里干什么?"两边都待不下去的蝙蝠,以后只能在黑夜里偷偷地飞。

科学教室

蝙蝠是哺乳类还是鸟类？

蝙蝠长得很像有翅膀的老鼠，究竟蝙蝠是哺乳类还是鸟类呢？其实蝙蝠确确实实是哺乳动物。

蝙蝠是唯一可以真正飞行的哺乳动物，而且飞行速度可达每小时50千米以上哦。蝙蝠的飞行工具是飞膜，和鸟类的翅膀大不相同。它的飞膜是由皮肤扩展而成的，从颈部经前肢、体侧、后肢连接到尾部，上面布满了血管和神经。它的腕骨和指骨特别细长，就像雨伞的伞骨一样，可以用来支撑飞膜。

数数看，蝙蝠前后脚是不是各有五只指头，爪为钩爪。

扫一扫，看视频

蝙蝠最大的特征就是这对大大的飞膜，不过有的飞膜展开才14厘米，如泰国猪鼻蝙蝠；有的却很大，宽达2米，如狐蝠。

蝙蝠的膝关节很有趣，不像人类那样向前方长，而是向着后上方，因此蝙蝠无法站立。当蝙蝠飞行时，脚和尾巴可自由活动使身体平衡。

什么是哺乳动物？

哺乳动物都有毛发，像人类有头发、鲸鱼和海豚也天生有胡须。

雌性哺乳动物都能以乳汁喂养宝宝，乳汁由乳腺分泌，是哺乳动物最大的特征。

哺乳动物的下颌是两侧单一的骨头。在所有其他脊椎动物中，颌骨每边都有一个以上的骨头。

哺乳动物是异齿的，这意味着它们的牙齿是不同的形状。

哺乳动物是用肺呼吸、身体是恒温的脊椎动物。

哺乳动物体内有一个隔膜，体腔分成两部分，如上部的心脏和肺，下部的肝脏、肾脏、胃、肠等。

哺乳类的口腔上方有一个增生的骨质硬颚，让口腔和鼻腔隔离。所以当哺乳类动物呼吸时，空气不会跑到口腔里。

类似于老鼠一样的基本解剖结构是哺乳动物中最普遍的，可以分为头部、颈部、较长的身体、具备五指（趾）四肢和尾巴等五个部分。

哺乳动物的头骨内有一小条细骨，与下颚相连，作关节之用，同时内耳也具有小骨。

这对飞膜的骨架由手臂骨和手指中的第二到第五的骨头所支撑，第一指像爪子一样，可以爬行和梳理毛皮，有些比较凶猛的蝙蝠，则利用它来打斗及抓握食物。

边飞边喂奶，我可是忙碌的职业妇女！

故事时间

快乐王子

　　快乐王子的雕像高高地耸立在城市中央一根高大的石柱上面。他浑身上下镶满了黄金薄片，他的双眼是明亮的蓝宝石，剑柄上嵌着一颗璀璨的红宝石，世人总是对他称美不已。

　　有一天，小燕子从城市上空飞过，它的伙伴早已飞往埃及越冬去了，它也急着要赶过去，不然到了冬天就来不及了。

　　天色已经不早了，小燕子决定在这个高大圆柱上过夜，于是就在快乐王子两脚之间落脚了。

　　才准备入睡，一颗大水珠滴在它的身上，接着又一滴，它抬头看见快乐王子的双眼充满了泪水，泪珠顺着他金黄的脸颊流了下来。燕子顿生怜悯，问："你是谁？为什么在哭泣？"

"我是快乐王子。我活着时一切太美好了，大家叫我快乐王子。而我死了，他们把我的雕像高高地竖立于此，我看见了城市中的丑恶和贫苦，尽管我的心是铅做的，仍忍不住要哭。"

接下来，快乐王子用悦耳的声音请小燕子陪他过夜，并帮他办点儿事。小燕子虽然急着要到埃及去度过寒冷的冬天，但它还是决定成全快乐王子的善心，打算帮完快乐王子再出发。

它从王子宝剑上取下红宝石，送给一位裁缝，作为生病孩子的补助，又取下王子的其中一颗眼珠，送给住在城市阁楼中的年轻男子，去买食物和木柴来完成剧本；再取下王子的另一颗眼珠送给火柴卖不出去的小女孩儿，最后将王子身上的黄金叶子一片片啄下来，送给了城市里的穷人。

"你现在看不见了，我要永远陪着你。"

"不，小燕子，你得到埃及去。"

可怜的小燕子觉得越来越冷了，但是它不愿离开王子，不久后便静静地死去了。就在此刻，雕像体内发出一声奇特的爆裂声，原来是王子的那颗铅做的心裂成了两半，从此人们永远记得他们的故事。

年年此时燕归来

每年到了秋风扫落叶的时候，燕子总要进行一年一度的长途旅行，成群结队地由寒冷的北方飞向遥远的南方，去享受南方温暖湿润的阳光与气候；第二年春暖花开、绿树发芽的时候，它们又会再回到原来生活的地方，繁衍下一代。

不过，在这迁徙的过程中，燕子都是在夜深人静、明月当空的夜晚飞行，而且飞得很快，有时也只看见燕子们的影子一闪而过，人们最有印象的是它们如剪刀般的燕尾。

燕子以昆虫为食，而且捕食都在空中进行，刮风下雨也乐此不疲，速度约56米/秒(时速约200千米)。它们并不善于在树缝和地隙中搜寻食物，也不吃浆果、树叶或种子，因此冬季食物匮乏，没有虫子吃的时候，只好每年来一次秋去春回的南北大迁徙啦。

🔍 筑巢爱家

燕子有惊人的记忆力，无论飞了多远，再怎么千山万水，它们也能记得回家的路。

返乡后，燕子首要大事便是建造家园——有的是补旧巢（不一定是自己原本的巢），有的干脆重建新巢。筑巢时，燕子用嘴衔泥土和草枝，再混上自己的唾液，辛勤来回多次，才能筑出自己温暖的窝，而它的家，常常就在你家的屋檐下！

家造得并不容易，所以燕子不容许家被轻易破坏，当有不速之客，如麻雀来占巢时，它们会群起反抗，把麻雀轰走。

别吃我的巢啊，那是用土做的，一点儿也不好吃！

鸟巢也能吃？

亚洲传统的名贵食品之一——燕窝就是将燕子的巢经过蒸细、清洗、挑毛等作业，再烹煮成料理食用。你可能会想，燕巢不是到处都是吗？何来名贵呢？其实我们说的燕窝，仅限于一些雨燕或金丝燕用唾液和羽毛等材质所筑成的巢穴，而这些燕子的分布地区很少，燕窝就相对珍贵起来啰！

猫头鹰

两三百年前，在一个小镇上发生了一件稀奇的事。有只猫头鹰，黑夜中不幸误入了一个谷仓，天亮时，因为怕别的鸟儿瞧见而发出叫声，它不敢冒险出去。

一早，一位仆人到谷仓取干草，看见了坐在墙角的猫头鹰，大吃一惊，拔腿就跑，并报告主人："在谷仓里，我看见了一个平生未见过的怪物，它可以毫不费力吞下一个活人。"

主人半信半疑地跑向谷仓求证，没想到自己也吓坏了。

他们跑向邻居，求大家帮忙对付这只危险的"野兽"，还到处宣传："一旦'野兽'冲出来，全城人都会有危险。"

大街小巷沸腾起来了，大家如临大敌，把谷仓围得水泄不通。一位勇敢的人走进谷仓，接着就听见一声尖叫，他面无血色地跑了出来，也是被那个怪物吓的。一个个进去又出来的人，似乎没有人敢面对这只猫头鹰。

谷仓的大门开了，往里面看去，那只猫头鹰蹲在正中间，它看出众人要打自己，不知如何逃生，不由得眼珠乱转，羽毛竖立，双翅乱拍，张开嘴巴，粗着嗓子大叫起来："嘟咿！嘟呜！"

人们紧张地商量来商量去，最后市长想出一个权宜之策。他说："我们应

自掏腰包,赔偿仓库的一切损失给主人,然后放火烧掉整个仓库,把这只可怕的野兽一起烧死,这样大家就安全了。"结果愚昧的村民赞同了这个点子,把那只猫头鹰和谷仓一起化成了灰烬!

你会怕猫头鹰吗？

猫头鹰的确长得很古怪，与一般可爱的鸟相比，它像头野兽，属于夜行性肉食动物。猫头鹰在生物分类中是鸮形目的鸟类，叫声十分凄厉，有时听起来还像放声大笑，令人十分惊恐，难怪民间有"夜猫子进宅，无事不来"的传说。大型的鸮形目的鸟类，体长可达90厘米，小型的则不到20厘米，十分小巧可爱。

猫头鹰的头宽大，嘴短而粗壮，且前端成钩状，尤其是眼周的羽毛呈辐射状，细羽的排列让它的脸形看起来很像猫，因此得名为猫头鹰。

全身羽毛呈褐色，散缀着细斑纹，由于羽毛柔软蓬松，有消音的作用，飞行起来迅速且安静。

耳孔位于头部两侧，分布和形状均不对称，但是听觉神经很发达，利于在黑暗中准确定位声音的来源。

猫头鹰的腿强健有力，爪强锐而内弯，部分种类如雕鸮，整个足部均被羽，外观极其强悍，趾形均为转趾足，即第四趾可以前后转动。

炯炯有神的眼睛

猫头鹰的标志就是那两颗又大又圆的眼睛，因为瞳孔很大，使得光线易于入眼，视网膜中只有一种视觉色素能辨明暗，不能辨颜色，以至于眼内成圆柱状，对于弱光能有良好的敏感性，让它适合夜间活动。

最奇特的部分是眼睛只能双目向前，视区重叠，可因此分辨距离，却不能向不同方向转动，因此看左右方向都要转动整个头部。眼中有三张眼睑，各有不同作用。

据说非洲有一种猫头鹰，眼睛可以发出像手电筒般的光亮，而且亮度还可以调节，当猫头鹰眼睛里所发出的光，投射在动物眼睛上的时候，动物竟然呆立不动、毫无察觉，你说奇怪不奇怪！

你们在说我的坏话吧！

昼伏夜出的秘密

说到猫头鹰昼伏夜出，一般也只知道它白天不出来，却不知道多数猫头鹰一旦在白天活动的话，会飞行颠簸不定、犹如醉酒，猫头鹰酷酷的外表似乎毁于一旦了，但是晚上它们大多也就栖息于树上或岩石、草地之间，准备捕食昆虫、蚯蚓、蛙、蜥蜴、小型鸟类和哺乳动物等充饥，因为它们的听觉神经很发达。以一只体重 300 克的仓鸮为例，却有 9.5 万个听觉神经细胞，比它个头大的乌鸦，却只有 2.7 万个，恐怕连耳语之声也漏不掉。

好鼻师

很久以前,有一个年轻人叫作"红鼻子",妻子对他整天好赌的坏习惯十分担忧,因此要他到城里学手艺。

他从城里返家后声称学了一套专门嗅东西的本事。从此装模作样地用鼻子闻出大小事物,且远近驰名,于是红鼻子家里常有人来找他求助。众人喜欢好奇地跟在他后面,只见他东闻闻、西嗅嗅,信心十足地把东西找出来,从此大家都尊称他为"好鼻师"。

好鼻师很聪明,除非他刚好知道失物在哪里,否则不会轻易答应寻找,有时还故意偷藏别人的东西,等到失主来求助,他才把藏东西的地点告诉失主,因此发了好几笔小财,生活越过越好。

　　好鼻师的名声传到皇宫里,连皇上都知道他的名字,正巧皇上珍贵的金印不见了,便派人去请好鼻师到皇宫来找。

　　好鼻师接到皇上的命令吓出一身冷汗,唯恐小命不保,只好硬着头皮在皇宫东闻西看,他无奈地说:"唉,左也是死,右也是死,横竖都得死!"没想到正好是左、右丞相将金印藏在御花园,准备找机会篡夺王位后使用。左、右丞相听到好鼻师的话,立刻跪地苦苦哀求说:"好鼻师,你的鼻子真灵,印章的确是我们偷的,就埋在御花园右边的桃花树下。"

　　好鼻师抢得了这天大功劳,皇帝赏他黄金白银,还答应送他去天上吃美食。皇帝派人用很多虾子的胡须,编成登天的天梯,爱吃的好鼻师不顾一切爬上了虾须做的天梯,全国老百姓都来看热闹。刹那间,云端雷响,天梯被雷劈断了,好鼻师从高高的天上跌落下来。传说,好鼻师摔在地上,最后变成了无数在地上爬的蚂蚁,如今蚂蚁到处爬爬嗅嗅,寻找甜食,正是好鼻师的化身。

科学教室

认识小蚂蚁

你知道蚂蚁被归为社会性昆虫吗？如果把它们一只一只分开的话，它们是没有办法生活的。一般来说，它们会彼此分享食物，生活中阶级分明且各司其职，彼此以触角碰触来传递信息，十分规律有序。

> 我最爱吃甜食了！

多数码蚁住在土里面，也有的在枯枝树叶上筑巢，总之蚂蚁种类很多，吃素也吃荤。蚂蚁是非常勤劳的，而且嗅觉很好，还会储存食物，其实蚂蚁还有一个很厉害的地方，就是它们会寻找最短路径哦！因为它们去找食物时，路径有长有短。一开始，两种路都会有蚂蚁走，因为蚂蚁会分泌一种信息素，也叫外激素，以此来传递信息。这种信息素挥发得比较快，因此不久之后，较长的那条路径上留下的信息素比较少；相对地，短路径上的信息素比较多，因此会有越来越多的蚂蚁跟着走这条捷径，这就是有名的"蚁群算法"！

蚂蚁的外部构造

头部

蚂蚁的头部有口器与触角，触角的作用是侦测气味、辨认方位及传递信息；大颗的作用是捡东西或剪叶子；一般来说蚂蚁是复眼。

胸部

蚂蚁的胸节下有六只脚，第一对脚的功能有时像手一样，可以抱起食物，也能清洁触角，甚至会清洁牙缝。胸和腹部中间有一个小小的腹柄连接。

腹部

蚂蚁的腹部能分泌一种信息素，让后面的伙伴嗅出气味寻路向前。

蚂蚁群体

雄蚁遇上雌蚁，是蚂蚁建立家族群体的第一步，不过交尾后，雄蚁便会死亡，留下"女王"自己掌控大局。受精后的雌蚁会脱落翅膀，在地上择地筑巢，产下第一批受精卵。

蚂蚁是一种完全变态类昆虫，它们的一生会经历卵、幼虫、蛹及成虫四个发育阶段。蚁后一刻不得闲，它会亲自由嘴对嘴的方式喂食，直到幼蚁发育成成蚁，独立生活为止。

第一批工蚁长大后，就会开始接替抚养幼蚁的任务。它们采集食物、扩建蚁巢，负责防卫任务，将最好的食物喂食给蚁后，使蚁后的身体很快恢复，并且腹部不断地膨胀，每年产许多许多的卵。蚁后还会在适当时期产下未受精的卵，这些卵发育成有生殖能力、长翅膀的雄蚁后，在生殖季节，又再与外面年轻的蚁后交配传宗接代，你看，这完全是母系社会的引领。

蚁后

蚂蚁和蟋蟀

蟋蟀和蚂蚁是两种不同的生物，蚂蚁是辛勤的象征，蟋蟀则成天游手好闲，形成强烈的对比。

养尊处优的蟋蟀总是不懂得蚂蚁为什么要把自己搞得这么苦命："喂！喂！蚂蚁先生，你们为什么要这么拼命工作呢？偶尔也要休息吧，像我这样唱唱歌，不是挺好的吗？"蟋蟀在花朵上尽情旋转着，不时发出欢愉的叽叽声。

蚂蚁不为所动，仍然汗流浃背地继续工作着，它说："在夏天里，我们努力工作，积存食物，才能为严寒的冬季做准备啊！如果光

唱歌、玩耍，把时间给花掉了，冬季来临我们可就惨啦！"

蟋蟀很不以为然，它天真地想着："小蚂蚁不懂得及时行乐，真是大笨蛋，为什么老想着那么久以后的事情呢！"

不久，快乐的夏天过去了。秋去冬来，大地变成了白茫茫的一片。在冰天雪地里，蟋蟀早已消瘦得不成样子，它在雪片纷飞的原野上，找不到一点儿食物："早知道就学小蚂蚁们，在夏天多储存点儿食物，现在该有多好啊！"

蟋蟀虚弱得就要倒下来了，它蹒跚地走向开心吃着东西的蚂蚁们："蚂蚁先生，请给我一点儿东西吃吧！我快要饿死了！"没想到夏天一直辛勤劳动的蚂蚁们，冬天里可以安逸地享受温暖的家，并且积存了那么多食物。

"是蟋蟀先生吗？你怎么变成这个样子了？快来吃点儿东西，暖暖身体，才有体力唱歌跳舞，我们最喜欢看你开心的样子！"善良的蚂蚁们安慰着蟋蟀。刹那间，蟋蟀明白了唯有务实劳动，才能享受快乐生活，"一分耕耘，一分收获"的道理是不会错的。

科学教室

蟋蟀鸣叫是在唱歌吗？

"唧——唧——唧——唧——"

在夏天和秋天夜里，草丛中常传来这种清脆嘹亮的蟋蟀鸣叫声，那是蟋蟀在唱歌吗？它又是为了什么在唱歌呢？原来蟋蟀起劲的鸣叫声，是雄蟋蟀在对雌蟋蟀倾诉衷情，而蟋蟀在生殖活动时期所发出的声音，能让它准确地找到配偶，并成功进行交配。

不仅是求偶，两只雄蟋蟀狭路相逢时，也会先声夺"虫"，这种叫法和雄虫在求偶时期所发出的声音完全不同；在双方交战后，威风凛凛的胜方和受窘败北的败方所发出来的鸣叫声又孑然不同。也就是说，在不同情况下，蟋蟀的鸣叫声各有不同的意义哦！不过，雌蟋蟀则是不会叫的。

发声方式比一比

人类能发出声音，靠的是空气通过咽喉的声带，引起震动而发声。昆虫可没有声带，它们靠身上特殊的发音器发声，例如雄蝉的腹部两侧，各有一个大而圆的音盖，下面生有鼓皮似的听囊和发音膜，当发音膜内壁肌肉收缩时，蝉鸣就自然而生了。螽斯左翅基部的表面下方，有一条横脉，脉上有齿叫作"音锉"，这是它的发声器。蝗虫则利用它的腿节内侧和前翅纵脉，互相摩擦来发声。

雄蝉

螽斯

蝗虫

蟋蟀发声大不同

雄蟋蟀的发声器是前翅上的弦器和弹器构造。弦器是一条横的梳状翅脉，弹器则是翅膀内缘的棱纹。蟋蟀用一边翅膀的弹器来摩擦另一边的弦器，便可发出声音。环境温度变高，摩擦速度会变快，因此叫声非常多样化。

蟋蟀的叫声与它的外形有一定关系。个头大的蟋蟀叫声缓慢，有时几个小时才叫两三声，小蟋蟀则叫得勤；颜色不同的蟋蟀，鸣叫声也有细微的差别；翅膀形状不同，也会让蟋蟀的鸣叫声产生差异。一般而言，蟋蟀两翅举得越高，发出的声音越清脆响亮。

还有，别小看蟋蟀哦，要是和一般汽车喇叭声的110分贝，或哨子声的115～125分贝相比，有些蟋蟀的叫声也可以达到100分贝呢！它们天生优美的鸣叫，是赖以生存于自然界的本领。

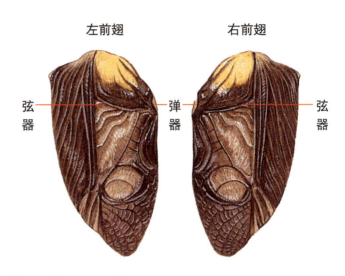

雄蟋蟀的前翅（正面）

左前翅　　右前翅

弦器　　弹器　　弦器

15秒内叫了9次，我叫得越来越频繁了。

扫一扫，看视频

晋朝时期，有一位远近驰名的孝子，姓吴名猛，字世云，是豫章分宁人，在现今江西省修水县一带。

吴猛从小就非常孝顺，服侍父母也都尽心尽力。那时候因为家里贫穷，买不起蚊帐，每到了夏天，夜晚入睡时分，蚊虫特别多，"嗡嗡"地飞来飞去。眼看着父母被蚊虫叮咬得翻来覆去睡不好，吴猛十分难过，于是便想了一个办法，他把自己身上的衣服脱去，任凭蚊虫在自己身上叮咬，绝不用手去驱赶它们。

吴猛幼小纯真的心里认为，只要让蚊子吸饱了自己的血，它们就不会去叮咬父母亲，如果把它们赶走，恐怕蚊子会去叮咬父母，所以宁可让自己受苦，也不愿意赶走蚊子。虽然事实上并非如此，但是吴猛此举的深意，是对亲人的挚爱，爱亲人而宁愿自己受罪，他的故事被收录在《中国二十四孝故事集》里，的确孝心感人！

讨厌的蚊子

"嗡嗡嗡……嗡嗡嗡……"蚊子又来啦？

原来蚊子喜欢有臭腥味的地方，由于人的耳朵与外界接触，随时会分泌耳屎，耳屎的腥味很重，因此蚊子就来啦！不过，这可不是蚊子在叫，而是它翅膀扇动的声音，因为蚊子飞行时，翅膀振动的频率很快，每秒翅膀振动高达594次，所以我们老听到蚊子嗡嗡的声音。

蚊子大多属夜行性，和其他昆虫一样，身体分为头、胸、腹三个部分，身体和脚皆细长，只有一对翅膀。蚊子的口器为刺吸式，大部分雌蚊的口器都适合刺吸血液。

蚊子的4个发育期，分别是卵、幼虫、蛹及成虫，属于完全变态。卵孵化成幼虫后，就是孑孓。孑孓大多是头部朝下、尾部向上状倒悬在水面下，其实它们是在利用腹部尾端的呼吸管直接呼吸水面上的空气。孑孓经历3次蜕皮，便会结蛹。这个阶段它不再吃任何东西，经过3～4天的蛹期，蛹的中央会裂开一条细缝，一只新生的蚊子，开始逐渐脱离蛹皮出生。

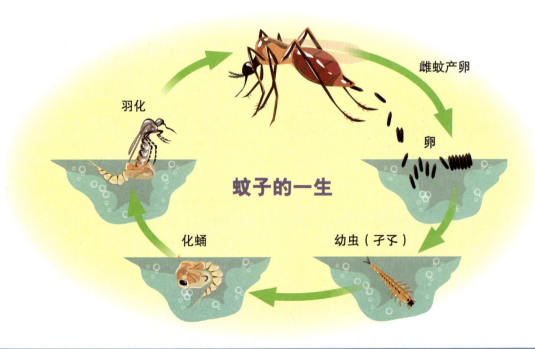

蚊子的一生

蚊子叮人毫不客气

大部分的公蚊子只吃花蜜和植物的蜜，母蚊子要生宝宝的时候，才去借人血吸食，因为人血非常有营养，别无替代，而且每次只需借个0.001～0.1毫升的血，就可以饱餐一顿，它们不会无止境地吸食，因为蚊子体内有一个膨胀接收器，位于中肠外壁，如果吸太多血，就会警告自己——吃太饱会飞不动啦！

不过蚊子的嘴巴像一根细吸管，插入人类皮肤的血管后，就咕噜咕噜吸血。蚊子的唾液可厉害了，里面含有多种蛋白质，让人类血管扩张，不会凝固，这种过敏源几秒钟就可令人奇痒无比。

明天还是点蚊香好了。

蚊子爱叮什么人？

你有没有发现，众人共处一室，但是有的人反复被蚊子叮，有的人却感觉不到蚊子存在。有人说蚊子爱叮女生，也有人说蚊子爱较甜的血液，或者说O型血的人容易遭蚊子咬……众说纷纭，到底哪个说法对呢？

原来根据研究，群体中，肺活量较大、身材较胖、呼吸比较沉重的，在呼出二氧化碳时，会在头上1米处形成潮湿温暖的气流，蚊子能对这样的图像清晰分辨，所以爱叮咬这类人。

还有一种爱出汗的人，蚊子也特别喜欢叮咬，所以爱出汗的年轻人及男性比较容易招惹蚊子。

小牛顿 科学与人文

成语中的科学（全6册）

中国源远流长的五千年文明，浓缩发展出了充满智慧的成语。在这些成语背后，其实有着与其息息相关的科学知识。本系列将之分为植物、动物、宇宙、物理、化学、地理、人体等多个领域。根据每则成语的出处背景或意义，编写出生动有趣的故事，搭配精细的图解，来说明成语背后所蕴含的科学原理，让孩子在阅读成语故事时，也能学习科学知识！

内容特色：

1. 涵盖植物、动物、宇宙、物理、化学、地理、人体等七大领域。
2. 用90个主题、180个细分科学知识点来讲解，近千幅全彩高清插图配合知识点丰富呈现，内容翔实有深度。
3. 配以23个有趣的科学视频进行拓展，扫描二维码即可快捷观看，利用多媒体延伸阅读。
4. 将"科学"与"人文"相结合，将科学的触角伸入更多领域，使科学更生动、多元、发散。

全套6册精彩内容
90个成语
180个科学知识点
23个科学视频

- 每册15个成语故事
- 深入浅出地介绍成语中的科学原理
- 浅显易懂的图示讲解
- 丰富多元的知识拓展
- 充满童趣的插画风格
- 扫一扫二维码，可观看科学小视频。登录现代出版社官网（www.1980xd.com），还可以在线观看及下载全套视频。

小牛顿 科学与人文

故事中的科学（全6册）

故事除了有无限丰富的想象力，还可以带给孩子什么启发呢？本系列借由生动的故事，引发儿童的学习动机，将科学原理活泼生动地带到孩子生活的世界，拉近幻想与现实的距离，让枯燥生涩的科学知识染上缤纷色彩。本系列分成动物、植物、物理、化学、地理、宇宙等领域，让孩子在阅读过程中，对科学知识有更系统性的认识，带领孩子从想象世界走进科学天地。

内容特色：

1. 涵盖动物、植物、物理、化学、地理、宇宙等六大领域。
2. 用90个主题、180个细分科学知识点来讲解，近千幅全彩高清插图配合知识点丰富呈现，内容翔实有深度。
3. 配以24个有趣的科学视频进行拓展，扫描二维码即可快捷观看，利用多媒体延伸阅读。
4. 将"科学"与"人文"相结合，将科学的触角伸入更多领域，使科学更生动、多元、发散。

全套6册精彩内容
90个故事
180个科学知识点
24个科学视频

深入浅出地介绍故事中的科学原理

扫一扫二维码，可观看科学小视频。登录现代出版社官网（www.1980xd.com），还可以在线观看及下载全套视频。

每册15个趣味故事

充满童趣的插画风格

丰富多元的知识拓展

浅显易懂的图示讲解

版权登记号：01-2018-2116

图书在版编目（CIP）数据

快乐王子为什么让燕子飞回南方？：故事中的动物世界 / 小牛顿科学教育有限公司编著 . —北京：现代出版社，2018.6（2021.5 重印）

（小牛顿科学与人文 . 故事中的科学）

ISBN 978-7-5143-6948-9

Ⅰ. ①快… Ⅱ. ①小… Ⅲ. ①动物—少儿读物 Ⅳ. ① Q95-49

中国版本图书馆 CIP 数据核字（2018）第 054665 号

本著作中文简体版通过成都天鸢文化传播有限公司代理，经小牛顿科学教育有限公司授予现代出版社有限公司独家出版发行，非经书面同意，不得以任何形式，任意重制转载。本著作限于中国大陆地区发行。

文稿策划：	苍弘萃、卢敏
插　　画：	王海帆　P4、P5、P7、P16～18、P24～26、P32～34、P36～38、P40～42、P44、P45、P47、P52～54、P56、P57、P59、P60、P61、P63
	江伟立　P19、P55
	陈仁杰　P22、P23
	小牛顿数据库　P6、P11、P18、P27、P39、P42、P43、P58
照　　片：	Shutterstock　P1～3、P6～15、P19～23、P26～31、P34、P35、P38、P43、P46～51、P54、P58、P62、P63

快乐王子为什么让燕子飞回南方？
故事中的动物世界

作　　者	小牛顿科学教育有限公司
责任编辑	王　倩
封面设计	八　牛
出版发行	现代出版社
通信地址	北京市安定门外安华里 504 号
邮政编码	100011
电　　话	010-64267325　64245264（传真）
网　　址	www.1980xd.com
电子邮箱	xiandai@vip.sina.com
印　　刷	三河市同力彩印有限公司
开　　本	889mm×1194mm　1/16
印　　张	4.25
版　　次	2018 年 6 月第 1 版　2021 年 5 月第 4 次印刷
书　　号	ISBN 978-7-5143-6948-9
定　　价	28.00 元

版权所有，翻印必究；未经许可，不得转载